中国工程院院士　　曾溢滔
上海交通大学特聘教授　曾凡一　　主　编

寻找
南极洲的春天

恐龙闻过花香吗？

陈　芒　文　高　原　图

少年儿童出版社

让孩子在艺术中欣赏世界，在科学中理解世界
——《十万个为什么·科学绘本馆》主编寄语

曾溢滔 院士

上海医学遗传研究所首任所长，1994年当选为首批中国工程院院士。长期致力于人类遗传疾病的防治以及分子胚胎学的基础研究和应用研究，为我国基因诊断研究和胚胎工程技术的主要开拓者之一。《十万个为什么（第六版）》生命分卷主编。

曾凡一 教授

医学遗传学家，二级研究员。国家重大研究计划项目首席科学家，长江学者特聘教授，国家杰青，上海交通大学特聘教授，上海交通大学医学遗传研究所所长。主要从事医学遗传学和干细胞以及哺乳动物胚胎工程的交叉学科研究。任《十万个为什么（第六版）》生命分卷副主编，编译《诺贝尔奖与生命科学》《转化医学的艺术——拉斯克医学奖及获奖者感言》等，担任上海市科普作家协会副理事长和上海科学与艺术学会副理事长等社会任职。

《十万个为什么》在中国是家喻户晓的科普图书。1961年，第一版《十万个为什么》由少年儿童出版社出版发行，60余年间，出版了6个版本，成为影响数代新中国少年儿童成长的经典科普读物，被《人民日报》誉为"共和国明天的一块科学基石"，为我国科普事业做出了重大贡献。如何将经典《十万个为什么》图书产品向低龄读者延伸，让这一品牌惠及更为广泛的人群，启发孩子好奇心，满足不同年龄层、不同知识储备的青少年儿童读者需求，成为这一经典品牌面临的机遇与挑战。

科学绘本兼具科学性与艺术性，这种图书形式能够将一些传统认为对儿童来说难以讲述、深奥的科学知识用图像这种形象化、更具吸引力的艺术形式呈现。科学绘本这一科学讲述形式对于少年儿童读者来说，具有极大的吸引力，使少年儿童读者乐意迈出亲近科学的第一步，并形成持续钻研科学的内驱力，在好奇心的驱动之下，他们有意愿阅读更多、更深入、更专业的书籍，在探索科学的道路上披荆斩棘。少年强则中国强，从小接受科学洗礼的孩子们，最终必将为我国的科学事业贡献出自己的力量。

《十万个为什么·科学绘本馆》在以下这些方面力图取得创新。

1.构建绘本中的中国世界，宣传中国价值观，展现中国科技力量。

《十万个为什么·科学绘本馆》中所出现的场景、人物形象立足中国孩子的日常生活，不仅能够让中国儿童在阅读中身临其境、产生共鸣，也有助于中国儿童学习我国的核心价值观与民族文化，建立文化自信。

2.学科体系来源于《十万个为什么（第六版）》的经典学科分类。

《十万个为什么·科学绘本馆》的学科体系为《十万个为什么（第六版）》18册图书的延续与拓展。可分为"发现万物中的科学（数学、物理、化学、建筑与交通、电子与信息、武器与国防、灾难与防护等领域）""冲向宇宙边缘（天文、航空航天等领域）""寻找生命的世界（动物、植物、微生物等领域）""翻开地球的编年史（古生物、能源、地球等领域）""周游人体城市（人体、生命、大脑与认知、医学等领域）"五大领域。

3.科学绘本故事与"十万个为什么"经典问答的新型融合，由浅到深进入科学，形成科学思维。

《十万个为什么·科学绘本馆》每册一个科学主题。先有逻辑分明的科学故事带领小读者初步了解主题、进入主题，后有逻辑清晰、科学层次分明的"为什么"启发小读者在此主题下发散思维，进一步探索和思考。

4.遇见——深化——热爱，借助艺术的力量让孩子爱上科学。

在内容架构方面采用树状结构，每册图书均由"科学故事""科学问答""科学艺术互动"三大板块构成。通过科学故事带领儿童了解某一领域的科学主题，并进入主题，对主题产生兴趣；通过科学问答对主题进行演绎，促发科学思维构建；通过《科学艺术互动手册》帮助孩子以动手动脑、艺术探索的方式进一步深化主题，突破传统绘本极限。

5.科学家、科普作家与插画家的碰撞与创新。

《十万个为什么·科学绘本馆》的创作团队采取了科学家、科普作家以及插画家的模式。绘本的文字部分由来自世界各地的优秀中青年科学家、科普作家担纲创作，插画部分由中国中青年插画家执笔完成，实现了科学严谨、艺术多元的创作理念。

《十万个为什么·科学绘本馆》以科学绘本这种形式，契合当代儿童读者的阅读偏好。以"科学故事""科学问答""科学艺术互动"三步走的架构，构建出对儿童进行科学教育和艺术教育的有效启蒙途径。以覆盖全科学的策划理念为儿童提供多学科学习和跨学科学习的阅读工具。

《十万个为什么·科学绘本馆》将借助数字化时代多样化的技术手段，突破传统图书范畴，以覆盖线上线下的科学绘本课、科学故事会、科学插画展等形式，为我国少年儿童科学普及探索符合时代潮流的新通路。将科学普及工作有效地面向更广阔的人群，特别是广大少年儿童，为实现全民科学素质的根本性提高，推动我国加快建设科技强国、实现高水平科技自立自强做出贡献。

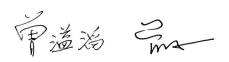

冰天雪地的南极到处都白茫茫的，植物很难在这里生存，只能偶尔看到一些苔藓、地衣顽强地钻出石缝。

夏天，企鹅、海豹等动物会到沿海一带捕食、繁殖。

在南极的海底，埋藏着亿万年前的植物。虽然植物早已腐烂，但是它们的孢子和花粉却留存了下来。这些孢粉是科学家的研究宝库。

一支科考队来到这里，放下海底钻机，想要看看海底下究竟有什么。

随着钻机一段接一段地往海底深入，科考队员的思绪也不断向下，想象着海底的神奇。

瞧！海底地层那里层那里大小不一的颗粒，就是远古植物的孢子和花粉。原来南极洲的海底，真的埋藏着一座远古森林！

在这座远古森林里，到处都是一眼望不到顶的大树，
气候异常温暖潮湿。

忽然一阵狂风，森林里的植物
都疯狂地摇晃起来。

大风吹呀吹，花儿摇啊摇。

植物的花粉和孢子随风飘向远方。

还有一些植物吸引来昆虫，"聪明"地将
花粉粘在昆虫的身上，让它们带到别处。

这里巨大的桫椤树高耸入云，地上还有低矮的植物，以及各种各样的苔藓。

这花好奇怪，竟然没有花瓣呢！

这只蝴蝶是来采蜜的吗？

哇！这个甲虫身上
全是花粉！

原来，这里是白垩纪森林！

亿万年前的南极洲，居然是一片壮阔的温带森林！
那里不仅有恐龙，还有花朵、昆虫、大树，真是太神奇了！

那些远古植物消失了，但它们的孢子和花粉散落在
大地的各个角落，随着泥土一起被永远封存在地层中。

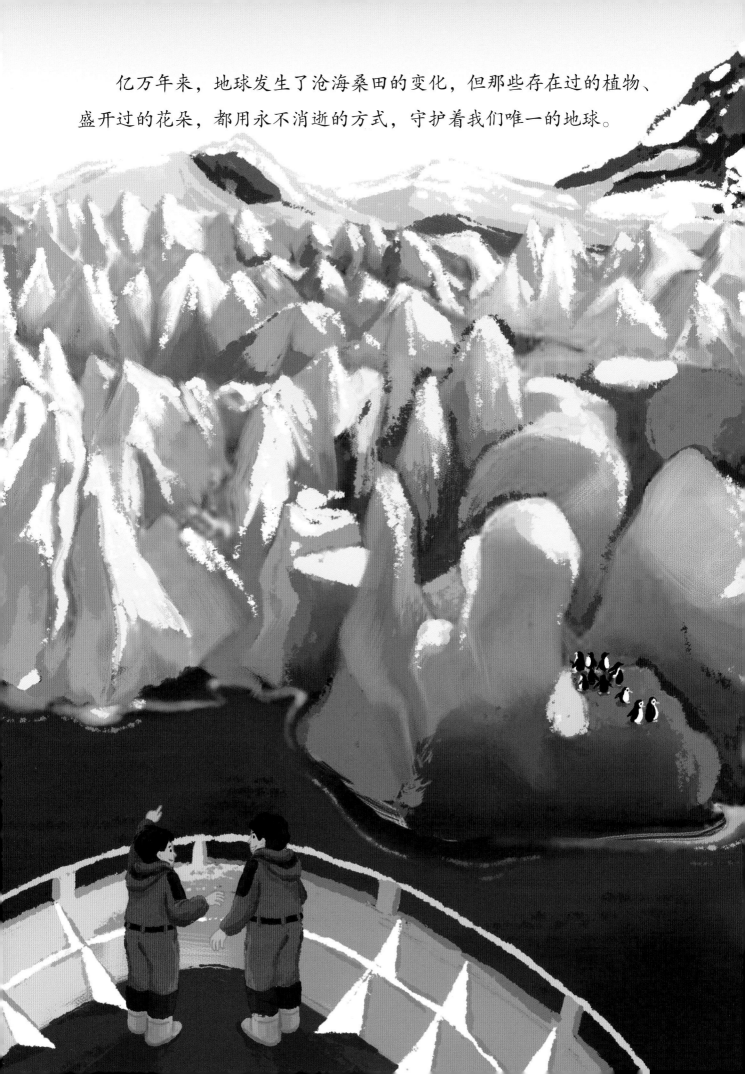

亿万年来，地球发生了沧海桑田的变化，但那些存在过的植物、盛开过的花朵，都用永不消逝的方式，守护着我们唯一的地球。

地球上的第一朵花开在哪里？

最初，地球上的生命都生活在海洋里。后来，一些植物开始登上陆地。大部分陆生植物通过孢子传播后代，直到出现了花朵。花朵里的花粉是雄性配子，与雌蕊里的雌性配子结合后，发育成种子。而花朵就像人类母亲的子宫那样，孕育和庇佑着种子。得益于花朵精巧的结构与功能，被子植物能更好地保护好自己的后代。

雌蕊

花粉

花瓣　　雄蕊

花朵是怎样诞生的？

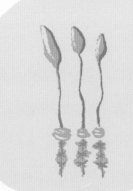

生活在海洋里的**绿藻**可能是最古老的绿色植物，它们出现在约 10 亿年前，能利用阳光制造能量。

大概在 6 亿年前，真菌与绿藻的共生体——**地衣**出现了，它们是地球上第一批登上陆地的生命。在此之前，生物都生活在海洋里。

约 4.3 亿年前，真正的陆生植物——**蕨类植物**出现了。它们靠孢子繁衍后代。

纵观地球 46 亿年的历史，花朵的盛开只有上亿年。但被子植物一出现，就迅速成为了地球上的优势类群。从那以后，地球上有了花朵竞相绽放的景色，也让大地变得五彩缤纷起来。

施氏果想象图

目前，世界上公认的最早的被子植物化石是侏罗纪的施氏果。它们连花瓣都没有。

科学家在同一时代，同一地点，同一地层，还发现了一种叫潘氏真花的被子植物。潘氏真花拥有植物学真正意义上的花。

但也有科学家认为，被子植物的历史很可能要追溯到更古老的三叠纪。

潘氏真花想象图

裸子植物起源于约 3.85 亿年前。由于它们的种子裸露，因此得名。裸子植物已经有了塑造花朵的尝试，但并不成功。

约 1.5 亿年前，被子植物出现了。它们开出花朵，让幼嫩的种子有了生长的庇护所。风、水流和动物都能帮助被子植物传播花粉，使其适应能力和传播能力大大提升。

假如回到白垩纪会发生什么？

如果我们像故事里科考队员和小企鹅那样，穿越回白垩纪，必须得穿上一套像航天服一样的"穿越服"才行，因为白垩纪又热又闷，大气含氧量与如今也不同。

古生物学家通过一系列重建气候的方法，发现白垩纪的二氧化碳浓度比现在高很多，可谓是完完全全的"温室"状态。细分下来，白垩纪早期温度稍低，中期达到最高，而晚期逐渐降低。

真的是太闷了，我们需要穿越服！

白垩纪森林是什么样的？

假如回到白垩纪，你会发现那时森林的样貌跟现在大不相同。那里有高耸入云的桫椤树和松树，还有一些低矮的蕨类植物和各种各样的苔藓。那时，被子植物刚开始迅速发展，演化出了色彩缤纷的花朵。

由于那时的气候比现在热很多，所以大部分森林的整体样貌与如今的温带、热带森林更为相似，但物种更为单一。

为什么要研究植物的孢子与花粉？

　　孢子通常形态比较单一，花粉的结构则比较复杂，但它们都被一层厚厚的"雨衣"（科学家称之为"孢粉素"）包裹着。孢粉素可以使孢子和花粉在地层里保存很长时间而不被降解。

　　利用这一特性，科学家通过研究地层中的孢粉化石组合，再类比现代的数据，就能模拟出古植被的大致情况，进而推测当时的气候；再结合不同地质年代的数据，科学家可以推算出未来气候的大致变化。

蕨类植物的三缝孢类孢子

裸子植物的双气囊类花粉

被子植物的三孔类花粉

极地的地层相对稳定，没有被人为破坏和干扰。所以，那里的孢粉非常适合进行科学研究。但想要在极地行船并不容易，那里非常寒冷且到处都是冰层，因此需要乘坐破冰船。到了目的地，就可以放下钻机了。海底钻机可以钻入深深的海底地层，就像海底的挖掘机一样，取出包含着孢粉的岩芯。

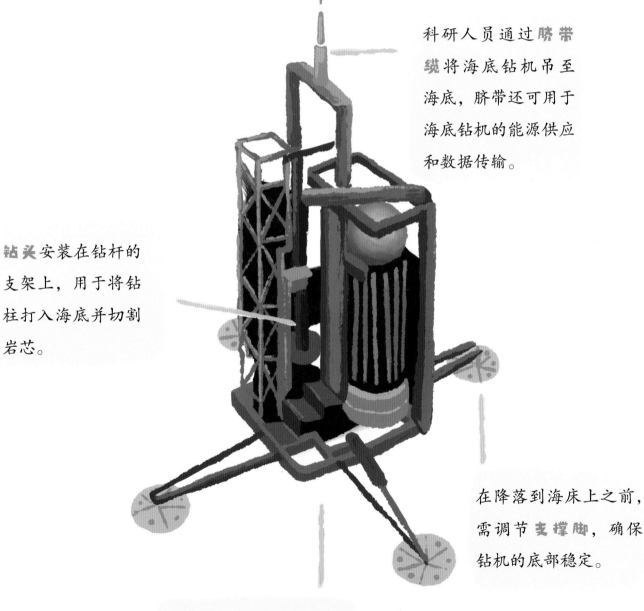

科研人员通过**脐带缆**将海底钻机吊至海底，脐带还可用于海底钻机的能源供应和数据传输。

钻头安装在钻杆的支架上，用于将钻柱打入海底并切割岩芯。

在降落到海床上之前，需调节**支撑脚**，确保钻机的底部稳定。

钻机还需要**科研人员**的远程控制。

钻机完成工作后，科研人员将岩芯从海底提到船上。

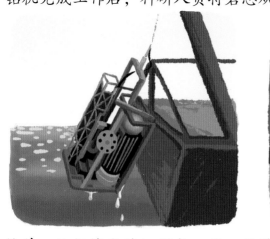

接着，他们将岩芯切割成一段一段并送去测年，以得知其准确的地质年龄。

然后，岩芯被送入实验室，进行孢粉提取实验。

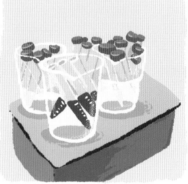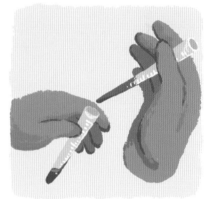

最后，科研人员在显微镜下观察已经提取出来的孢粉，以确定孢粉的组合类型。这样，远古植被及当时的环境就被初步勾勒出来啦。

图书在版编目（CIP）数据

寻找南极洲的春天：恐龙闻过花香吗？/陈芒文；
高原图. —上海：少年儿童出版社，2023.1
（十万个为什么. 科学绘本馆. 第一辑）
ISBN 978-7-5589-1556-7

Ⅰ. ①寻… Ⅱ. ①陈… ②高… Ⅲ. ①白垩纪—古植
物—儿童读物②白垩纪—古动物—儿童读物 Ⅳ.
① Q914-49 ② Q915-49

中国版本图书馆 CIP 数据核字（2022）第 231467 号

十万个为什么·科学绘本馆（第一辑）

寻找南极洲的春天——恐龙闻过花香吗？

陈　芒　文
高　原　图

陈艳萍 整体设计
陈艳萍 装帧

出 版 人 冯　杰
策划编辑 王　慧
责任编辑 陈　珏　美术编辑 陈艳萍
责任校对 沈丽蓉　技术编辑 谢立凡

出版发行 上海少年儿童出版社有限公司
地址 上海市闵行区号景路 159 弄 B 座 5-6 层　邮编 201101
印刷 深圳市福圣印刷有限公司
开本 889×1194　1/16　印张 2.25
2023 年 1 月第 1 版　2023 年 8 月第 2 次印刷
ISBN 978-7-5589-1556-7 / N·1251
定价 38.00 元

科考队员和小企鹅沉浸在白垩纪森林、花海的美景中

突然，一只悄悄在他们身边出没的恐龙打了个喷嚏

科考队员和小企鹅随着恐龙的喷嚏，与飞扬的孢粉一起回到了现实中的南极洲

地球上的第一朵花开在哪里？

花朵是怎样诞生的？
- 绿藻出现
- 地衣出现
- 蕨类植物出现
- 裸子植物出现
- 被子植物出现，真正的花朵诞生了

二、酷玩科学

1.收集花朵 ★ ★ ★ ★ ★ ★ ★ ★ ★

收集各种各样的花朵，拍摄它们的照片，或将它们画出来，看看它们有什么区别和共同点，可结合书中的花进行对比。

2. 植物排序

按照植物演化的顺序将几种植物进行
排序，试着将它们与地球的发展联系起来。

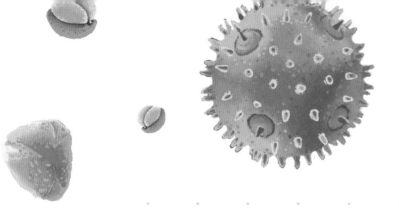

3. 花粉创作 ★ ★ ★ ★ ★ ★ ★ ★ ★

1）请老师或家长收集一些花粉的显微照片，看一看各种各样形状的花粉。你还可以画出自己喜欢的花粉。

2）用黏土捏出自己喜欢
的花粉的样子吧。

你可以这样捏

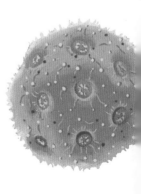

三、阅读探究

1. 你在科考队员和小企鹅的穿越之旅中，看到了多少种花朵？还看到了哪些植物？

2. 在科考队员和小企鹅的穿越之旅中，每一页都出现了远古生物，包括恐龙、翼龙，以及远古昆虫等。找找看，它们都藏在哪里？

3. 钻机就像海底的挖掘机一样，钻取海底的远古孢粉。你知道书中的科学家是怎么研究孢粉的吗？和小伙伴讨论一下。

四、科学讨论

1. 植物为什么要演化出花朵？请结合知识页，和小伙伴一起讨论花朵对植物的意义。

2. 人类与植物有什么关系？地球上可以没有植物吗？大家来一起想象一个没有植物的世界吧！

3. 很多人对古动物很感兴趣，但对古植物却不甚了解。查阅一些古生物书籍或资料，找出你最喜欢的古植物，并与同伴进行讨论。

五、科学写作

在书中，科学家为了研究远古植物，把钻机下沉到海底钻取远古孢粉。然后科学家就可以通过孢粉，对远古植物进行研究。

你想像书中的探险队员一样做科学研究吗？你想探究什么课题呢？写出你的科学研究计划，以及所需的研究装备吧！

◎对标《义务教育科学课程标准（2022 版）》相关知识点

学科核心概念及学习内容	
核心概念	学习内容
5. 生命系统的构成层次	5.4 生物体具有一定的结构层次
6. 生物体的稳态与调节	6.2 人和动物通过获取其他生物的养分来维持生存
8. 生命的延续与进化	8.1 植物通过多种方式进行繁殖 8.6 生物的遗传变异和环境因素的共同作用导致了生物的进化

学段	学习内容	内容要求
三至四年级	5.4 生物体具有一定的结构层次	⑤描述植物一般由根、茎、叶、花、果实和种子构成。
三至四年级	6.2 人和动物通过获取其他生物的养分来维持生存	②描述植物的根、茎、叶、花、果实和种子具有帮助植物维持自身生存的相应功能。
三至四年级	8.1 植物通过多种方式进行繁殖	②描述有的植物通过产生种子繁殖后代，有的植物通过根、茎、叶等繁殖后代。
五至六年级	8.6 生物的遗传变异和环境因素的共同作用导致了生物的进化	④根据化石资料，举例说出已灭绝的生物；描述和比较灭绝生物与当今某些生物的相似之处。

《食物的旅程——我们吃掉的食物去哪儿了？》

竺映波 文　咕 咚 图

　　一大早，苹果国的纤维妈妈告诉小纤维今天整个苹果国要搬家啦。小纤维怀着激动的心情，和脂肪、蛋白质、淀粉小伙伴一起踏上了人体王国。它们走过了口腔，去往了胃，探索了小肠，逛遍了大肠……走着走着，小伙伴们纷纷找到了自己的新家，可小纤维迟迟没有找到自己的新家。它的新家会在哪里呢？

《人体攻防战——为什么我们要打疫苗？》

竺映波 文　翟苑祯 图

　　"轰隆——轰隆——""水痘病毒"入侵人体王国啦！它们一个个张牙舞爪，在人体王国肆意破坏。警局接到报案后，立刻召集了巨噬细胞、T 细胞和 B 细胞组成"抗痘小分队"前去镇压。经过一番激烈的交战，这群"水痘病毒"最终被拿下，它们全都被带到警局关押了起来。在审讯室里，它们说出了一个惊人的秘密……

《驯化的故事——为什么世界上有这么多种狗？》

沈梅华 文　李茂渊 叶梦雅 图

　　一万年前，一窝失去父母的小狼，遇到了一个人类男孩。男孩把小狼们带回人类部落，照料它们，陪伴它们。有的小狼更具野性，选择重返野外；有的小狼和人类更亲密，选择留在人类身边。留下的小狼和人类一起打猎，一起抵御猛兽，还生下了后代。现在，这些进入人类社会的狼的后代依然陪伴在我们身边，还有了新的名字——狗。

《夜晚的奇妙世界——为什么人会做梦？》

袁应萍 文　许玉安 图　岑建强 审读

　　科学家、艺术家喜爱做梦，因为梦是灵感的来源。我们每个人都喜爱做梦，因为做了美梦会得到一段奇妙的旅程，做了噩梦会觉得庆幸！为什么每天晚上你明明做了 4~6 个梦，却只记得 1 个？为什么明明做了彩色的梦，却以为自己的梦是黑白的？这本书将带你探索梦的奥秘，以及脑科学的奥秘。